GUIDE AU CHATEAU

DE

TOURNOËL

Par E.-G. de CLÉRAMBAULT

1898

SENLIS

IMPRIMERIE T. NOUVIAN ET FILS

PLACE DE L'HÔTEL-DE-VILLE

CHATEAU DE TOURNOËL

GUIDE AU CHATEAU

DE

TOURNOËL

Par E.-G. de CLÉRAMBAULT

——

1898

——

SENLIS

IMPRIMERIE T. NOUVIAN ET FILS

PLACE DE L'HÔTEL-DE-VILLE

——

« C'est du fond de ces sombres donjons que
« sont sortis ces principes de chevalerie
« qui ont pris dans l'histoire de notre
« pays une si large part, et qui, malgré
« bien des fautes, ont contribué à
« assurer sa grandeur. Respectons ces
« débris ; s'ils rappellent des abus odieux,
« des crimes même, ils conservent l'em-
« preinte de l'énergie morale dont,
« heureusement, nous possédons encore
« la tradition. »

VIOLLET-LE-DUC, v° *Donjon*, t. V, p. 63.

GUIDE AU CHATEAU

DE

TOURNOËL

LE CHATEAU

Le château de Tournoël est assis sur
un contrefort du Puy de la Bannière, à
6 kilomètres à l'ouest de Riom (Puy-de-
Dôme).

Le chemin le plus facile pour s'y rendre
part du bas de Volvic, qui n'en est dis-
tant que de 1.300 mètres environ; il
s'élève sur les flancs de la montagne, par
une pente accessible aux voitures, et, après
avoir traversé un bois de châtaigniers,
aboutit à une muraille qui descend vers

le midi, du sommet de l'escarpement couronné par le château.

Cette muraille, très endommagée, se replie vers l'est pour décrire une courbe polygonale renfermant la première basse-cour ou bayle; les portes n'existent plus; des meurtrières la défendaient, mais elle ne présentait aucun flanquement. Outre les jardins et diverses dépendances du château, elle abritait le village dont l'existence apparaît dès le XIIIᵉ siècle.

C'est également dans cette enceinte qu'en temps de guerre ou « d'éminent péril », les habitants de la seigneurie se réfugiaient, avec leur bétail et leurs biens les plus précieux. On construisait alors une ligne de palissades pour en protéger les abords, et des « chasaults [1] » étaient établis au-dessus des portes, et sur divers autres points.

Après l'avoir franchie, l'on rencontre sur la gauche les restes d'une ancienne

[1] Echauguettes, eschifs, guérites.

chapelle dédiée à sainte Foy, et qui était affectée à la garnison et aux habitants du village. Ce bâtiment est adossé à une courtine en partie rasée, au-delà de laquelle apparaissent deux autres courtines très rapprochées l'une de l'autre. La faiblesse de ce point, assez facilement abordable, se trouvait ainsi compensée par une quadruple enceinte; sur les autres côtés, puissamment protégés par des pentes abruptes et de larges fossés, une seule muraille flanquée de fortes tours avait été jugée nécessaire.

Les maisons du village s'étendent du côté opposé; elles sont sans intérêt.

Le chemin longe ensuite un ravin de 100 mètres de profondeur, sur lequel s'appuie le côté nord du château, puis il s'engage dans les fossés.

L'on peut remarquer, en passant, une porte romane murée, que la chute d'une tour a mise à découvert, et une autre tour percée de plusieurs embrasures de bouches à feu qui commandaient le ravin.

A l'ouest, la muraille forme une sorte
d'éperon, derrière lequel se dresse un
donjon cylindrique, entouré, vers les deux
tiers de sa hauteur, d'un parapet crénelé
supporté par des machicoulis.

Les guerres de la Ligue ont ouvert en
cet endroit de larges brèches qui sub-
sistent encore.

Un aqueduc a laissé quelques vestiges
sur les talus du fossé.

Le côté du midi formait la façade principale; il est percé de fenêtres très diffé-
rentes entre elles de forme et de grandeur,
et flanqué d'une tour aujourd'hui rasée
jusqu'au niveau des cours; quelques
étroites meurtrières se voient à cette hauteur; la base du château, étant pleine, n'en
présente aucune.

La porte de la deuxième basse-cour
s'ouvrait près d'une tour dont les pare-
ments sont ornés de bossages hémisphé-
riques, d'où le nom de « tour des miches »
que lui donnent les habitants du pays.
Cette tour, dont le vrai nom était « tour

de la garde », date des premières années du XVIe siècle, ainsi que la porte qui y atteint. La partie supérieure a disparu. Les embrasures du rez-de-chaussée étaient disposées de façon à défendre à la fois l'entrée des deux basses-cours et les approches du château ; un regard ménagé dans son intérieur, à une date assez récente, permet d'y puiser l'eau d'une source captée dans la montagne et qui alimente le village.

De vastes écuries, voûtées en berceau surbaissé, occupaient l'extrémité nord de cette basse-cour ; un bas-relief, représentant saint Georges terrassant le dragon, décorait le tympan de la porte. Il a été brisé.

En revenant du côté de l'entrée, on laisse sur la droite une courtine encore couronnée de quelques corbeaux de machicoulis, et percée de deux portes : celle de gauche donnait accès au château ; l'autre s'ouvrait sur une tourelle aujourd'hui presque entièrement démolie.

Après avoir longé une haute muraille

qui supporte vers son milieu deux échauguettes, l'on arrive, par une rampe rapide,
à une porte défendue par des machicoulis,
un parapet crénelé et percé d'une embrasure, des échauguettes et une herse dont
une des rainures existe encore.

Une autre rampe conduit à une
deuxième porte qui présente, la herse et
l'embrasure exceptées, les mêmes défenses
que la première. Ces rampes ont remplacé
les escaliers qui existaient autrefois. Les
deux portes sont de la même époque que
la tour de la garde.

L'on distingue encore, sur le tympan
de la seconde, des traces de l'écusson des
d'Albon de Saint-André, entouré du cordon de Saint-Michel [1].

A droite, une galerie était adossée aux
remparts.

---

[1] De sable à la croix d'or, lambel brochant sur le tout.
Le collier de l'ordre de Saint-Michel, était composé de
coquilles d'or attachées à un cordon entrelacé d'une cor-
delière, au bas duquel pendait une médaille représentant
saint Michel combattant le dragon.

L'on entre dans une cour étroite, en
face d'une tour rectangulaire, sans contre-
forts; c'est l'ancien donjon du château;
une porte, aujourd'hui murée, s'ouvrait à
environ 1ᵐ20ᶜ du sol actuel; l'arc en fer à
cheval qui la surmonte, ne permet guère
d'en reporter la construction au-delà du
XIᵉ siècle, époque à laquelle ce genre
d'arcs semble avoir apparu en Auvergne [1].

Deux fenêtres, ouvertes au XVᵉ siècle,
éclairent les étages supérieurs.

Sur la gauche, un escalier en pierres
desservait le chemin de ronde; au-dessous
se trouvent la cave, fermée par une grille
en fer, et un cellier.

Les remparts sont percés de meurtrières,
dont deux étaient munies de bancs en
pierre.

Dans l'angle sud-ouest de la cour, un
perron de quelques marches conduit au

---

[1] La fondation du château remonte à une date plus
reculée; mais, en l'absence de tout document historique,
il ne semble pas possible de la déterminer, même approxi-
mativement.

porche d'entrée, dont la clef de voûte porte l'écusson des d'Albon; des culs de lampe pittoresques reçoivent la retombée des nervures; ils représentent un joueur de musette à longues oreilles, un personnage barbu qui déploie une banderolle, et des choux frisés.

Sous ce porche s'ouvrent la porte des pièces occupées par le gardien du château, et celle d'un cellier qui occupe le rez-de-chaussée de l'ancien donjon ; un pilier central en supporte la voûte.

Une deuxième cour entourée de tous côtés de bâtiments se présente ensuite.

A droite étaient les cuisines, construites sous d'anciennes arcades en plein-cintre, et la citerne; sur la gauche, une grande pièce communiquait avec la tour du midi, dont le rez-de-chaussée, qui subsiste seul, a été converti en jardin. A remarquer une meurtrière et une ancienne barbacane précédée de quelques marches.

De cette pièce, qui fut pendant long-temps la chambre du seigneur de Tournoël, l'on passe dans un petit oratoire éclairé par une fenêtre carrée; la voûte a conservé d'intéressantes peintures :

· Dans un appartement de style Renaissance, Notre-Seigneur Jésus-Christ, tenant à la main une croix, au sommet de laquelle flotte une bannière, annonce sa résurrection à sa mère; la Vierge est agenouillée devant un livre ouvert sur un prie-Dieu; un serpent gît à ses pieds. Au-dessus de cette composition, deux anges présentent, l'un un voile portant l'empreinte de la Sainte-Face, l'autre une couronne d'épines et une lanterne; au-dessous, deux autres anges sont chargés, l'un d'une croix et d'une échelle, l'autre d'une colonne et de deux lances, sur l'une desquelles est fixée une éponge. Le tout est encadré de têtes d'anges, de banderolles, de rinceaux, d'écussons, de feuillages et d'animaux divers; les couleurs, encore très vives par endroits, se détachent sur un fond gris clair.

Revenant dans la cour, l'on entre dans

une tourelle dont l'escalier conduisait à
des étages en partie démolis. A droite se
trouve une pièce ayant autrefois servi de
« garde manger »; en face est une salle
qui occupe toute la largeur du château.

C'était la « grande salle », dans laquelle
la famille seigneuriale se tenait habituelle-
ment et prenait ses repas; elle servait
également aux réceptions [1]. Deux fenêtres
donnant, l'une au nord, l'autre au midi,
l'éclairent. Celle-ci était ornée de peintures
mythologiques presque totalement effa-
cées; l'on y distingue encore une Junon
reconnaissable à l'oiseau qui l'accom-
pagne.

Des moulures prismatiques et un cor-

[1] L'on a écrit par erreur que la justice se rendait dans
cette salle; il était interdit de tenir les audiences dans
l'intérieur des châteaux : elles devaient avoir lieu, soit à
leur porte, où fréquemment un auditoire était établi,
soit dans un lieu public, afin que toute personne pût y
assister facilement et que les juges et les parties fussent
en pleine liberté (LOISEAU, *Traité des Seigneuries*). Les
seigneurs de Tournoël avaient le droit de haute, moyenne
et basse justice.

don de feuillages profondément fouillés
décorent la cheminée qui était entièrement peinte; il ne reste plus que quelques
traces d'écusson et de guirlandes de
fruits.

Au nord, un passage ménagé dans
l'épaisseur du mur, et masqué autrefois
par des tentures, débouchait sur le réduit
de la citerne.

Près de cette salle, une petite pièce
servait d'antichambre à l'appartement oc-
cupé par la châtelaine. Une grisaille ornait
l'entrée de cet appartement : dans une
guirlande de feuillages et de fruits, sup-
portée par des cariatides, deux jeunes
mariés offrent un sacrifice à Junon;
l'épouse, recouverte d'un long voile, se
tient debout auprès de son époux, devant
l'autel sur lequel brûle le feu sacré; le
prêtre est armé de sa hache, et un esclave
approche d'un bassin le bélier qui va être
immolé, pendant qu'un jeune garçon
embouche la trompette; à gauche s'avan-
cent plusieurs personnages dont l'un porte

sur sa tête une corbeille. Cette grisaille
est du XVIIe siècle.

A la même époque, la chambre avait
été décorée de peintures qui couvraient
entièrement la voûte et les murs, sauf
dans les parties masquées par des tapis-
series.

L'on voit encore, à droite et à gauche
de la cheminée, de capricieux enroule-
ments et des paysages dans l'un desquels
on aperçoit un château-fort; sur le tru-
meau, dont le côté droit a presque disparu,
une Vénus et des Amours encadrent un
autre paysage représentant des ruines;
enfin, dans un médaillon placé à la partie
supérieure, une femme, la Justice, sans
doute, tient une balance. Le manteau est
orné de rinceaux, au centre desquels se
détachent deux écussons portant les armes
des d'Apchon [1] et des de Montvallat [2].

---

[1] D'or semé de fleurs de lys d'azur.

[2] D'azur au chevron d'or accompagné de trois cou-
ronnes de laurier d'argent, liées chacune de quatre liens
de gueules.

Un couloir, éclairé par quelques meurtrières, contourne le donjon et passe sous
une grotte en rocailles, pour aboutir à
une petite cour en partie occupée par un
bassin triangulaire, dans lequel un jet
d'eau jaillissait autrefois.

L'ouverture que l'on remarque à la
base du donjon a été pratiquée probable-
ment lorsque l'on a construit la grotte
(XVIIe siècle).

Au midi de la cour, deux portes com-
muniquaient avec la chambre de la châtelaine; dans l'angle nord-est, et à gauche
de celle actuellement existante, une autre
porte donnait accès à la grande salle.

En rentrant dans la cour principale, l'on
a devant soi une tourelle gothique dont
les ouvertures sont ornées d'archivoltes
richement moulurées, que supportent des
colonnettes engagées dans la muraille;
sur les arcs en accolade surmontant ces
archivoltes courent des feuillages qui
s'épanouissent en bouquets à la partie
supérieure; d'autres feuillages se déve-

loppent en cordons d'un vigoureux relief
à la hauteur de l'appui des fenêtres, dont
les tympans sont diversement décorés;
l'on remarque sur celui de la fenêtre la
plus élevée une banderolle tenue par un
ange, et sur laquelle se lit le mot « ave »;
un oiseau aux ailes déployées était sculpté
sur le tympan de la porte; on en distingue
maintenant à peine les formes. Cette tourelle a été élevée dans la deuxième moitié
du XVe siècle, époque à laquelle se
rapportent également la construction des
écuries, et une partie des embellissements
de Tournoël.

L'escalier conduit d'abord à une ancienne
chambre située au-dessus des cuisines. Des
peintures dont cette pièce était ornée, il
reste seulement la partie supérieure d'une
figure présentant un fruit qu'elle vient de
cueillir; un oiseau vole auprès de sa tête,
et plus haut est écrit le mot « terra ». A
droite et à gauche, des rinceaux et des
corbeilles de fruits se détachent sur un
fond clair. L'ensemble de cette décoration,

dont quelques autres traces s'aperçoivent sur les murs, représentait les quatre éléments.

Après avoir gravi quelques marches, l'on entre, par une porte encadrée de délicates nervures, dans une vaste pièce qui forme le premier étage de l'ancien donjon ; une cheminée, dont le manteau est orné de cordons de feuillages et de fruits d'une exécution large et souple, est adossée à la paroi du fond ; cette pièce conserve encore, ainsi que le petit cabinet voûté qui y attient, quelques peintures figurant des pierres d'appareil, ou formant des bandes de couleurs variées.

La chute du crépi, a mis à nu deux fenêtres romanes qu'a remplacées la fenêtre actuelle.

Sur la cheminée de l'étage supérieur, dont le plancher n'existe plus, on aperçoit l'écusson des seigneurs de La Roche [1].

---

[1] De gueules à trois fasces ondées d'argent.

L'on peut monter jusqu'à la plate-forme, du haut de laquelle la vue embrasse l'ensemble du château et des basses-cours.

La porte que l'on rencontre vers le haut de l'escalier, s'ouvrait sur un chemin de ronde; des colonnettes et une guirlande de feuillages la décorent extérieurement.

En descendant, l'on entre dans une galerie, dont les clefs de voûte portent l'écusson des d'Albon.

Une Annonciation est sculptée sur le tympan de la porte d'entrée : La Vierge est agenouillée, les mains jointes, et un ange, le genou à terre, lui présente une banderolle portant les mots « ave gracia plena », un lys, qui sort d'un vase aux formes élancées, les sépare.

Sous cette galerie, se trouve la porte d'une chapelle dédiée à sainte Anne.

Les peintures qui ornaient cette chapelle ont beaucoup souffert du vandalisme de nombreux visiteurs, qui ont trouvé inté- ressant d'y inscrire leurs noms avec la pointe de leur couteau; elles se divisent en trois tableaux, séparés par des vases de fleurs et des colonnes supportant une frise, qui se détache sur un ciel d'azur étoilé d'or.

Le tableau de droite représente une Adoration des bergers : la Vierge en occupe le centre; trois bergers adorent l'Enfant Dieu, qu'elle tient sur ses genoux, et lui offrent des agneaux; saint Joseph se tient debout à sa gauche; dans le fond, un bœuf et un âne s'aperçoivent sous des arcades.

Dans le tableau suivant, la Vierge et l'Enfant Jésus, abrités par un bâtiment en charpentes, reçoivent les présents que leur apportent les rois Mages; saint Joseph se penche derrière la Vierge pour considérer la scène; dans le haut, sur la gauche, brille l'étoile conductrice des Mages.

La fuite en Egypte forme le sujet du troisième tableau : la Vierge, tenant l'Enfant Jésus dans ses bras, est montée sur un âne; un ange, qui les précède, détourne la tête pour leur parler; saint

Joseph, placé un peu en arrière sur le premier plan et appuyé sur un bâton, semble écouter la conversation.

Au-dessous, des motifs d'architecture et des mascarons complètent la décoration.

Ces peintures ne formaient sans doute que le commencement d'une série de tableaux qui devaient couvrir tous les murs de la chapelle ; une circonstance, dont le souvenir s'est perdu, en aura interrompu l'exécution. Elles paraissent, ainsi que celles de la grande salle, de l'oratoire et de la chambre située au-dessus de la cuisine, être de l'école italienne et dater du XVIe siècle. Leur coloris frais et brillant contrastait agréablement avec l'aspect sévère du château. Certaines négligences de dessin semblent établir qu'elles ont été exécutées un peu trop rapidement.

A l'extrémité sud de la galerie, un escalier monte aux remparts dont on suit la crête pour se rendre au donjon.

Cette tour renferme un rez-de-chaussée et trois étages, tous voûtés en calottes sphériques. La porte, à laquelle on accède par un pont en pierres qui a remplacé le pont volant primitif, est à environ neuf mètres au-dessus du sol de la cour ; elle s'ouvre sur un couloir aboutissant au premier étage, qu'éclaire une barbacane. Des inscriptions et des dessins, d'un art très primitif, témoignent que cette pièce a servi de corps de garde, et, sans doute aussi, de prison.

Au centre du dallage, une ouverture carrée, que fermait une trappe, permettait de descendre dans le rez-de-chaussée, au moyen d'une poulie dont le crochet se voit encore à la voûte, les divers objets que l'on y emmagasinait. Ce rez-de-chaussée n'avait aucune autre ouverture.

Un escalier, pratiqué dans l'épaisseur de la muraille, conduit à l'étage supérieur qui est percé de deux meurtrières et d'une barbacane.

En face de cet étage se trouve un

couloir aboutissant à un cabinet voûté actuellement inaccessible.

L'escalier, qui dessert la ceinture de machicoulis dont il a été parlé, le troisième étage et la plate-forme, est logé dans une tourelle en saillie sur le donjon ; quelques marches ont été brisées par le canon. Ce dernier étage est éclairé comme le précédent ; il renferme une cheminée très simple.

La plate-forme est entourée d'un parapet crénelé qu'une large brèche interrompt du côté ouest.

La hauteur totale du donjon, au-dessus du sol des cours, est d'environ 28^{m}50 ; son diamètre extérieur de 10^{m}55 en moyenne et l'épaisseur de ses murs, jusqu'au deuxième étage, de 3^{m}85 ; cette épaisseur est moindre au-dessus.

Pendant longtemps le trésor, les armes et les archives furent déposés dans les deux étages supérieurs ; au XVIIe siècle, ces étages servaient de prison.

L'ensemble des dispositions du donjon

présente les caractères du XIVe siècle ; il est possible toutefois, bien qu'au premier abord il paraisse avoir été construit d'un seul jet, qu'une moitié environ remonte au siècle précédent ; c'est également au XIIIe siècle que l'on peut attribuer une grande partie des fortifications du château, ainsi que l'enceinte de la basse-cour.

De la plate-forme, un immense panorama se déroule aux regards : d'un côté, une montagne aride et des rochers escarpés; de l'autre, les fertiles plaines de la Limagne, Crouzol, Mozat, Marsat, Riom, Saint-Bonnet, et vingt autres villes ou villages noyés dans la verdure; plus loin, Montrognon, Buron, Gergovie, Thiers, Aigueperse, Montpensier; plus loin encore, les montagnes du Forez, du Cantal et de la Haute-Loire, qui se perdent dans les brumes d'un horizon infini.

Le château de Tournoël est classé au nombre des monuments historiques.

LES SEIGNEURS

Une charte de 995, fait mention d'un seigneur de Tournoël, nommé Bertrand.

Une autre charte, dont la date est comprise entre les années 1076 et 1095, règle des différends existant entre un autre seigneur du même nom et l'église de Cébazat.

Cent ans plus tard, l'on trouve ce château en la possession de Guy II, comte d'Auvergne; les démêlés de ce seigneur avec son frère Robert, évêque de Clermont, amenèrent l'intervention de Philippe-Auguste, et une armée, sous les ordres de Guy de Dampierre, s'empara de Tournoël, le 20 décembre 1213.

Réuni à la couronne, ce château fut donné en apanage à Alphonse de Poitiers, frère de saint Louis. Par acte du 12 février 1313, Philippe-le-Bel le céda à Pierre de

Maulmont, en échange de diverses posses-
sions dans le Limousin.

Pierre de Maulmont mourut en 1345,
laissant pour seule héritière sa fille unique
Marthe, femme de Géraud, seigneur de
La Roche-en-Limousin; les seigneuries de
Tournoël, de Maulmont et de Châteauneuf
neuf passèrent ainsi dans la maison de
La Roche.

Vers 1343, Hugues de La Roche, leur
fils, avait épousé Dauphine Rogier, fille
de Guillaume, comte de Beaufort-en-
Anjou, nièce du pape Clément VI. Nommé
capitaine général de la Basse-Auvergne, il
pourchassa sans cesse les Anglais, et
devint grand chancelier de France en
1383. On peut lui attribuer plusieurs des
fortifications de Tournoël.

Nicolas de La Roche, l'un de ses enfants,
seigneur de Tournoël et de Châteauneuf,
épousa, au mois d'août 1404, Alix de
Chauvigny, fille du seigneur de Blot. Dans
le contrat de mariage, en date du 11 juillet
1419, de son fils Jean avec Louise de La

Fayette, fille du maréchal de ce nom, il lui assigna en dot le château de Tournoël.

Jean fut tué à la bataille de Verneuil, le 14 août 1424, et Tournoël passa à Antoine de La Roche, son fils aîné, qui épousa, au mois de janvier 1448, Jeanne de La Vieuville, cousine d'Agnès Sorel. De longues contestations avec le duc d'Auvergne et avec ses vassaux remplirent une partie de son existence ; le château lui doit de grands embellissements ; il mourut vers la fin de 1493.

Jean, l'aîné de ses fils, épousa peu de temps après Françoise de Talaru, et mourut en 1501, laissant pour seule héritière une fille nommée Charlotte, qui fut mariée à Jean d'Albon au mois de janvier 1509.

Ce seigneur passa une partie de sa vie dans les camps, et fut longtemps gouverneur du Lyonnais et du Bourbonnais. Quoiqu'il ait peu habité Tournoël, il y fit cependant d'importantes constructions. Il mourut au mois d'août 1550.

Son fils, Jacques d'Albon de Saint-André, épousa, au mois de mai 1544, Marguerite de Lustrac ; la faveur de Henri II et de brillantes qualités guerrières lui valurent la dignité de maréchal de France ; il fut tué à la bataille de Dreux, le 19 décembre 1562, laissant une fille unique, Catherine, qui mourut, empoisonnée, dit-on, au mois de juin 1564.

La succession de Catherine passa entre les mains de Marguerite d'Albon, sa tante, sœur du maréchal, veuve de Artaud de Saint-Germain, baron d'Apchon ; par acte du 10 juin 1575, elle fit donation des terres de Tournoël, Miremont et Herment à Charles d'Apchon, l'un de ses fils.

Celui-ci épousa, au mois d'août 1579, Lucrèce de Gadagne, qui lui apporta une fortune considérable ; les guerres de la Ligue ayant éclaté, il prit le parti du roi, fut blessé mortellement devant le fort de Charbonnières, et mourut le 23 avril 1590.

Les Ligueurs, qui, vers la même époque, avaient échoué devant Tournoël, s'emparèrent de cette place par trahison, dans la nuit du 17 mars 1594, la dévastèrent complètement, et ne la rendirent qu'après une longue résistance.

Guillaume d'Apchon, seigneur de Tournoël, fils aîné de Charles d'Apchon, épousa, en 1626, Alix d'Anteroche, dont il eut quatre filles ; au mois de juin 1645, Gabrielle, l'aînée, épousa Charles de Montvallat ; entre autres biens, ses père et mère lui constituèrent en dot, Tournoël, et allèrent se fixer au château d'Abret (Bourbonnais).

Cette union ne fut pas heureuse ; Charles de Montvallat dissipa, en grande partie, sa fortune et celle de sa femme ; il fut condamné à une forte amende pour exactions, par arrêt des Grands Jours du 27 novembre 1665.

Devenue veuve en 1692, Gabrielle mourut l'année suivante, après avoir légué Tournoël à Pierre Priest, marquis de

Montvallat, l'aîné de ses fils. Celui-ci épousa, quelques années plus tard, Diane de La Roche Lambert, et fut assassiné, le 15 juillet 1724, par Claude Valette de Rochevert.

Françoise-Gilberte de Montvallat, l'une de ses filles, épousa, au mois de mars 1734, Claude-Joseph, marquis de Naucaze, qui habitait la Haute-Auvergne. A partir de cette époque, le château de Tournoël, qu'elle avait apporté en dot, ne fut plus habité que par des fermiers. La dame de Naucaze mourut le 4 novembre 1739, laissant deux enfants, Elisabeth-Gabrielle-Marie, depuis épouse d'Antoine-Jean-Louis de Peyronnenc, et Jean-Baptiste-François; ceux-ci le cédèrent à Mre Guillaume Chabrol, conseiller du Roi, commentateur de la Coutume d'Auvergne, par actes des 19 janvier et 2 avril 1766.

Il est actuellement possédé par un de ses descendants, M. le comte Guillaume de Chabrol, entre les mains duquel la conservation de l'une des plus belles constructions féodales que nous ait léguées le passé est assurée pour de longues années encore.

———————

IMPRIMERIE

T. NOUVIAN & FILS

SENLIS